数学王国奇遇记

纸上魔方 / 编著

一日三餐中的数学

山东人民出版社

全国百佳图书出版单位 国家一级出版社

图书在版编目（CIP）数据

数学王国奇遇记．一日三餐中的数学／纸上魔方编著．—济南：山东人民出版社，2014.5（2025.1重印）
ISBN 978-7-209-06993-9

Ⅰ．①数… Ⅱ．①纸… Ⅲ．①数学－少儿读物 Ⅳ．① O1-49

中国版本图书馆 CIP 数据核字 (2014) 第 029840 号

责任编辑：王　路

一日三餐中的数学
纸上魔方　编著

山东出版传媒股份有限公司
山东人民出版社出版发行

社　　址：济南市英雄山路 165 号　　邮　　编：250002
网　　址：http:/www.sd-book.com.cn
推广部：（0531）82098025　　82098029

新华书店经销
三河市腾飞印务有限公司印装

规　　格　16 开（170mm×240mm）
印　　张　8
字　　数　120 千字
版　　次　2014 年 5 月第 1 版
印　　次　2025 年 1 月第 4 次
ISBN　　978-7-209-06993-9
定　　价　29.80 元
如有质量问题，请与出版社推广部联系调换。

目 录

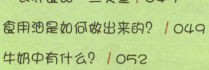

第一章

电器总动员篇

微波炉是如何加热食物的？

在烹饪食物的过程中，除了常用的煤气、电磁炉、电饭煲等，还有一种人们经常用到的工具，就是微波炉。小朋友们应该很熟悉微波炉吧？饭菜凉了可以用微波炉热一下，面包也可以用微波炉烤，现在很多家庭已经离不开微波炉了。

微波炉为什么能把食物变熟呢？其实，微波是一种电磁波，可以给食物加热，最后把食物变熟。在电力的作用下，微波炉里会产生微波，微波带来的热量在微波炉里可以均匀分布，而普通的炒锅则只有锅底

的温度是最高的，锅四周的温度稍微低一些。

　　大自然中到处都有微波，不过，小朋友们不用担心，这些散布在自然界中的微波并不会把我们"蒸熟"，因为这些微波都是分散的，并不集中，所以不能产生热量。微波炉通过电力产生微波，微波集中在一起，以非常快的震动频率穿透食物。吸收了微波以后，食物里的各种分子，比如水、脂肪、蛋白质等，会在微波的作用下以非常快的速度震荡，这个震荡速度大约为每秒钟 24 亿 5 千万次。我们都知道，摩擦能产生热量，这么快的震荡速度让分子之间的摩擦非

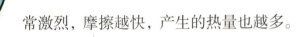

常激烈，摩擦越快，产生的热量也越多。

微波炉就是运用这样的原理，让食物的分子自己摩擦产生热量，快速地从食物的内外同时加热食物。

传统的微波炉因为设计上的不足，可能会出现加热不均匀的情况，而变频微波炉很好地解决了这个问题。变频微波炉改进了设计，使用起来更加方便节能，在热效率方面提高了 5% 以上，同时有效功率也提升了将近 10%。在同样的条件下使用普通微波炉和变频微波炉，变频微波炉所需的时间缩短了 10%，可以更快更好地加热食物。

在使用微波炉的时候应该注意，微波炉的工作时间和温度是成正比的，也就是加热的时间越长，里面的温度越高。所以，使用微波炉时要严格控制时间，加热时间太长会影响食物的质感。比如，用微波炉加热牛奶，如果加热时间长了，炉内太高的温度会让牛奶中的蛋白质发生变化，使牛奶里产生沉积物，影响牛奶的质量。加热的时间越长，温度越高，牛奶的营养也就流失得越多。

微波炉一般会提供高火、中火和低火三个选择，我们要按照烹饪食物需要

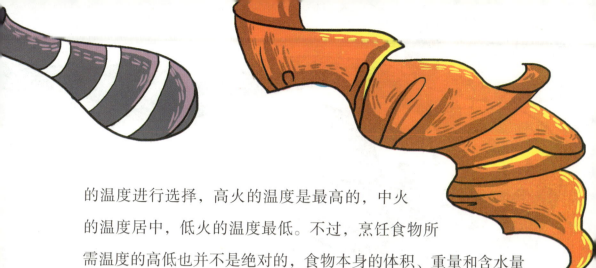

的温度进行选择，高火的温度是最高的，中火的温度居中，低火的温度最低。不过，烹饪食物所需温度的高低也并不是绝对的，食物本身的体积、重量和含水量都会影响所需温度的高低。

此外，使用微波炉时，人们还应该注意对时间的控制。在选择好温度后，还要确定加热的时间。温度低了，或者加热时间短了，往往会导致食物不能熟透；温度高了，或者加热时间长了，又会破坏食物的品质。所以，使用微波炉的时候，掌握火候和时间是非常重要的。

很多人都会用微波炉蒸鸡蛋羹。可是，有的小朋友想吃鸡蛋了，想要把生鸡蛋放进微波炉里加热，这是非常危险的行为。小朋友们可能会很疑惑，为什么可以用微波炉蒸鸡蛋羹，却不能直接用它加热生鸡蛋呢？不都是鸡蛋吗？

原来，鸡蛋的密度比较大，而且它的外壳是封闭的，加热

后，热量不容易散发出去，所以鸡蛋在高温下会发生膨胀，最后可能就会产生爆炸。同样的道理，我们也不能把装有液体的封闭容器放入微波炉。封闭的容器里会产生高温，热量不散发导致容器里的压力太大，很容易发生爆炸。而且，细口的瓶子也不容易散热，加热液体时，我们最好用那种大大的敞口的容器，比如，使用杯子或碗状的容器。

喝开水才健康

从水龙头里流出来的自来水是经过处理的，比较干净，可以用来洗菜、淘米、洗手等。可是，如果有小朋友要直接喝自来水，妈妈一定会阻止，说："自来水是生水，喝了不卫生，我们应该喝开水。"

那么，什么是开水呢？相信小朋友们都能回答这个问题，开水就是烧开了的水。那么，又是什么让自来水变成开水的呢？答案是温度。高温能使水沸腾，水在沸腾时的温度就是水的沸点。不同液体的沸点是不同的，水、酒精、煤油、水银等液体的沸点各不相同。在相同的情况下，这四种液体中，酒精的沸点是最低的，水银的沸点是最高的。也就是说，在同样的情况下加热这四种液体，可能在达到某个温度时，酒精和水都沸腾了，煤油和水银却还没有沸腾，需要继续加热。

沸点并不是一个固定的温度，它会随着气压的改变而发生变化。外界的压力越低，液体的沸点也会越低。在标准大气压下，水的沸点是100℃，也就是说在标准情况下，当温度达到了100℃，水就沸腾了。如果气压降低，那么，可能在温度还没有达到100℃时，水就沸腾了，因为水的沸点也降低了。

　　既然我们知道了沸点和气压有关，那么，如果外界的气压降低了，还没到100℃时水就沸腾了，这样烧开的水能不能喝呢？其实，这样的水也是不能喝的，因为水的沸点降低了，可能才几十摄氏度时水就沸腾了。这时候，水的温度还不是很高，有些病毒和细菌并没有被杀死，所以这样的水还是不能喝。

　　所以，我们烧开水的目的不是让水沸腾，而是让水达到100℃的高温。有时气压比较高，温度达到了100℃，却还

什么样的开水不能喝?

喝开水对身体有益,但并不是所有的开水都能喝。反复煮过的开水是不能喝的,因为这样的开水里的亚硝酸盐含量过高,而水里的亚硝酸盐超标,可能会引起腹痛、呕吐、血压下降、昏迷等症状。此外,装在保温瓶中的隔夜开水、蒸过食物后剩下的开水都不要喝。

没有达到水的沸点,水就不会沸腾,不过,这时的高温已经杀死了细菌和病毒,水没有沸腾,却已经可以喝了。在高原上,由于空气稀薄,气压比较低,水在七八十摄氏度的情况下可能就沸腾了,所以,高原上的人烧开水时都要用高压锅。

自来水虽然看起来很纯净,但是,水里却有许多肉眼看不到的细菌。很多细菌和病毒在常温下可以存活,但在高温情况下,它们就会被杀死。所以,在喝水之前应该先

把水烧开，让水沸腾，100℃的高温可以杀死水里大量的细菌和病毒。一般情况下，让水持续沸腾几分钟，水里的细菌和病毒就基本没有了，所以说烧开水可以起到杀菌消毒的作用。

因此，小朋友们一定要喝开水哦，喝生水会把细菌和病毒喝到肚子里，这样很容易生病呢。

电饭煲是怎样蒸饭的?

电饭煲是厨房中常见的烹饪工具,大家应该都很熟悉吧?用电饭煲煮饭非常方便,只要把水和淘过的米放进电饭煲,盖上锅盖,再把电饭煲插上电源,很快,饭就蒸熟了。

看过电饭煲煮饭的小朋友可能会感到好奇,开始时,我们放进去的是米和水,饭熟了以后却只剩米饭了,那些水到哪里去了呢?答案就是一部分水被蒸发了,还有一部分水被米吸收了。

蒸发是一种自然现象,是物质从液态到气态的一个过程。如果小

朋友们注意观察，就会发现，在电饭煲蒸饭的过程中，从锅盖的气孔里会喷出大量的气流，这些气流就是水蒸发后变成的气体，锅里的一部分水就是这样消失的。

影响蒸发的因素有很多，包括温度、湿度、液体的表面积等。对于电饭煲里的水分来说，蒸发产生的原因则主要是高温。在同样的条件下，温度越高，水分蒸发的速度越快。在蒸饭开始时，我们放进锅里的水是不少的，短短二十分钟左右，锅里的水除了被米吸收的那部分，其余的就全部蒸发了，可见，电饭煲里的温度可是很高的哦！

在电饭煲的底部有发热盘，电饭煲就是用它来加热的。电饭煲的内锅放在发热盘上，锅里装着米和水。打开开关后，发热盘的温度不断上升，当温度达到100℃时，电饭煲里的水就沸腾了。发热盘继续保持加热状态，沸腾的水除了

被米吸收一部分，还会大量蒸发，变成气体散发到空气中。到最后，水越来越少，当水都蒸发掉的时候，米饭也就煮熟了，电饭煲的开关便自动跳到保温状态了。

见过电饭煲的小朋友都知道，电饭煲上有个保温的按钮，如果把开关调到保温状态，电饭煲里的食物就一直是热的。在保温状态下，电饭煲里的温度

一般保持在 70℃左右。因为米饭在 25℃到 40℃的范围内，容易产生细菌而发生变质，所以，被放在电饭煲里保温的米饭是不会变质的。

使用电饭煲也有许多小诀窍，掌握正确的方法可以更省电。在做米饭之前，可以把淘好的米在清水中泡 15 分钟左右，然后再放入电饭煲里煮，这样不但可以缩短煮饭的时间，而且煮出来的米饭更香。当看到电饭锅里的水沸腾时，可以暂时把电源关闭 8 分钟左右，这样可以充分利用电热盘上的余热，然后重新接通电源，这样可以省些电量。

除了煮饭以外，电饭煲还可以用来烧开水。不过，如果用同样功率的电饭煲和电水壶烧水，电水壶只需几分钟就能把水烧开了，而电饭煲却要用二十多分钟，比较费电。

神奇的高压锅

　　厨房里有各种各样的厨具，有些厨具会让小朋友们感到很好奇，比如高压锅。高压锅跟普通的锅有什么区别呢？为什么有时要用高压锅烹饪？普通的锅能代替高压锅吗？

　　高压锅的重点就在"高压"两个字，因为煮东西时，高压锅里的气压非常高。前面我们已经学过，水的沸点是和气压成正比的，气压越高，水的沸点也越高，高压锅就是利用了这个原理。

在一些高原地区，由于气压比较低，水不到100℃就沸腾了，而沸腾后水温是保持不变的，不会再继续上升，这样的沸水可能连一个鸡蛋都煮不熟。这就需要提高水的沸点，让水在沸腾时的温度足够高，这样才能把食物煮熟。

不管是用热水壶烧开水，还是用电饭煲煮饭，小朋友们都会发现这样一个现象，那就是水在沸腾的时候，会有大量的热气散发到空气中，这是水在蒸发。只有锅盖上有气孔时，水蒸气才能从气孔散发出来。高压锅采用的是非常密封的设计，煮食物时里面密不透风。当水沸腾后，会

使用高压锅应该注意哪些问题?

在高压锅里放食物时，食物和水不能超过高压锅容量的4/5。如果是比较容易膨胀的食物，如海带、绿豆、玉米等，则最好不要超过容量的一半。在合上盖子前，要检查排气管是不是通畅。合上盖子后，用旺火加温时，可以看到少量的蒸汽从排气管冒出来。再把阀门扣到排气管上，然后慢慢降低温度。高压锅都是有使用寿命的，它的使用年限一般不超过8年。

产生大量的水蒸气，并且这些水蒸气不能散发到空气中。随着水蒸气越来越多，高压锅里的气压就会越来越高。当气压越来越高时，高压锅里的水的沸点也会升高，水温就会越来越高。这样，在高压锅里形成了高温和高压的状态，食物很快就能熟了。

想想看，在普通的锅里，水到了100℃就沸腾了，所以食物也只能在水温最高不过100℃的水里煮着。而在高

压锅里，因为压力大、沸点高，所以水在沸腾时的温度可能达到了 120℃。同样的食物分别放进 100℃的锅里和 120℃的锅里，当然是在 120℃的高温下熟得快一些。所以，人们经常用高压锅来烹饪那些比较难熟的食物，或者那些需要煮很长时间的食物，比如，用高压锅炖排骨就可以节约很多时间。

高压锅内的高温高压可以大大缩短烹饪的时间，节省能源。不过，从另一方面来说，锅内的高压又导致了对食物营养的破坏比较大。

电磁炉好炒菜

在我们的印象中，炒菜都是需要用火的，如传统的煤气灶或者煤炉等，都是下面有火，上面放上锅。随着科技的发展，越来越先进的技术被用到了厨具的改进上，现在，某些做饭用的厨具已经不需要用火了，如电饭煲、电磁炉等。电饭煲能做饭，就是因为在电力的带动下，内锅下面的发热盘能产生高温，让米饭变熟。那么电磁炉又是怎么回事呢？

电磁炉不是用火来加热的，也不像电饭煲那样通过热传递来加热，它是利用电磁感应的原理来加热的。电磁炉内部有加热线圈，通电以后，加热线圈里导入电流，在线圈周围产生磁场，磁场产生的磁力在锅底形成涡流，从而起到加热的作用。

电磁炉有很多优点，比如，升温速度快，热力能够被充分利用，没有明火比较安全，不会产生有害物质和辐射，清洁卫生，体积小故而方便携带，等等。所以，人们把电磁炉称为"绿色厨具"。

使用电磁炉还有一个方便之处，就是可以自由调节温度。煲汤时，我们可以调到低一点的温度；炒菜时，我们则可以选择比较高的温度。电磁炉的温度一般从100℃到270℃不等。炒菜时，我们一般可以选择180℃左右的温度。如果要炒青菜，则可以选择200℃以上的温度，用这样的温度炒青菜不容易出水。

怎样检查电磁炉上100℃的设计是否标准呢？我们可以把水烧开后，再在电磁炉上继续加热，并把电磁炉的温度调到100℃，如果开水继续维持沸腾的状态，则说明达到了100℃的温度；如果开水不再继续沸腾，就说明电磁炉的设计不达标，上面标注的温度和实际的温度不符合，即使标注的是100℃，实际的温度却没有达到。

冰箱低温用处多

大家都知道，食物存放时间长了会变质。很多小朋友都发现了一个现象：夏天时，食物很容易变质；冬天时，食物却可以存放很长一段时间。这种现象说明食物变质的速度和温度有关，温度越高，食物变质得越快；温度越低，食物保存的时间越长。

为了更长久地保存食物，人们便想办法把食物放在低温环境下。古时候，聪明的人类建造了冰窖，一般是在地下挖掘出一个房间，里面放大量的冰块。即使在炎热的夏天，冰窖里也是非常凉爽的，食物放在里面可以存放比较长的时间。不过，这样的地窖只有贵族和财主才用得起。

外国新闻曾经报道，考古学家在英国发现了一个古老的"冰库式冰箱"，距离现在有 4 000 多年了，这可以说是英国历史上最古老的"冰箱"。这个"冰箱"的建造时间可以追溯到青铜时代，是一种沟渠式的地窖，利用自然条件进行降温。古时候，人们在这个"冰箱"里存放牛奶、肉类、鱼类等食物，防止食物腐烂变质。可见，很久以前，人们就懂得了低温可以给食物保鲜的道理。

随着科技的发展，人们发明了现代化的冰箱。从表面看，打开冰箱的门，里面就是储存食物的空间，结构非常简单。实际上，冰箱内部的构造很复杂，总的来说，就是在电力的带动下，通过一系列复杂的反应，产生制冷效果。冰箱的主要作用就是降低温度和制冷。

　　夏天是冰箱使用最多的季节，因为夏天温度比较高，有的地方能达到 30 多摄氏度，食物在如此高温环境下很快就会变质。小朋友们应该都有这样的体会，冰箱门一打开，凉爽的空气就会迎面扑来，冰箱里的温度比外面低很多。

　　那么，冰箱里的温度到底有多低呢？冰箱里有不同的格子，不同的格子温度不同，存放的食物根据类型被放在不同的格子里。现在，普通的冰箱里一般分成四格，放蔬菜的格子是冷藏室，温度为 10℃左右，里面不会结冰，这是因为结冰后，蔬菜的组织

结构会被破坏，可能就不能吃了。另外一格的温度大约为4℃，里面也不会结冰。肉类容易腐烂变质，对温度条件的要求要高一些，所以一般存放在0℃左右的空间，时间久了，肉类的表面会有薄薄的冰层。还有一格的温度是最低的，大约有零下18℃，这就是冷冻室了，里面可以放雪糕等需要冷冻的食物。

第二章

餐桌上的美食篇

美味的糖醋排骨

看着桌子上那一盘盘美味的菜肴，小朋友们不禁会想了，这些菜是怎样做出来的呢？其实，要烹饪出一盘菜肴，除了要有必要的食材外，在烹饪过程中还处处都要运用到数学，如烹饪需要的时间、各种调料的比例等。时间太短，食物可能还没熟透；时间太长，食物又容易变焦；调料比例不对，就会影响味道。

糖醋排骨是一种常见的美味菜肴，现在，就让我们以这道菜为例子，看看在做美食的过程中要用到哪些数学知识吧！

在做菜前，我们要准备好测量工具，包括秤、钟表、汤匙。没错，汤匙也可以用来做测量工具。秤的作用是称食材的重量，钟表可以计煮菜的时间，而调料的多少可以用汤匙来决定。

先用秤称出 500 克的小排骨，放入清水里煮，拿出钟表来计时，煮 30 分钟就可以捞起来了。接着就要用到汤匙了，取出 1 汤匙的料酒和生抽，0.5 汤匙的老抽，还有 2 汤匙的香醋，与排骨一起腌制 20 分钟，别忘了计时哦。捞出排骨放入锅里，用油炸至金黄色，然后另起锅把腌排骨的调料汁倒入锅里，再加入 3 汤匙的糖。因为糖醋排骨重要的是甜味，所以还可以多加一些糖，根据个人的口味控制糖的分量。

在锅里再加入半碗水，用大火把水烧开，这时水就变成肉汤了，散发出浓浓的香味。再放半汤匙的盐调味，用小火焖10分钟，再用大火把汁收起来，收汁的过程中再放入1汤匙的香醋，香喷喷的糖醋排骨就完成啦。

要注意，各种材料的分量都是要按照一定比例添加的，如果主材料的分量变了，那么，其他调味料的分量也要跟着改变。比

如，500 克的排骨变成了 1 000 克的排骨，分量增加了 1 倍，那么料酒和生抽的分量也要增加 1 倍，变成 2 汤匙，同样的，其他材料的分量都要翻倍。

液体的重量可以用秤称出来，也可以用量杯量出来。例如，在制作蛋糕时需要用到 1 000 毫升的牛奶，就可以用量杯来测量；需要用 1 千克的牛奶，可以用秤来测量。

这么多的数字和工具是不是让小朋友们看花眼了呀？可见，做美食也不是一件容易的事，不仅要会使用各种测量工具，还要会算术。可以想象，妈妈每天为我们做美食是一件多么辛苦的事，我们要向辛苦的妈妈说一声"谢谢"。

早餐要吃好

　　吃饭除了能让我们填饱肚子外，还有什么作用呢？食物最大的作用就是给身体补充养分，所以选择吃什么很重要。有些食物虽然味道好，却没有营养，也不卫生，比如路边的烧烤。选择有营养的食物对身体的健康很重要。

　　一年之计在于春，一日之计在于晨。早餐是一天中最重要的一餐，它的营养是十分重要的，早餐时身体所吸收的能量占一天中所需能量的30%。如果早餐营养不充分，你是很难通过午餐和晚餐补回来的。

　　在经过一夜的睡眠后，人体内的营养和能量基本上都被消耗完了，这时，我们急需补充新的能量，能量的来源就是早餐。有营养的早餐可以快速补充身体需要的能量，让身体一下子变得有活力，可以把身体调整到最佳状态，来迎接一整天的工作。

有一个说法是"早餐吃好，午餐吃饱，晚餐吃少"，可见，早餐的营养是非常重要的。有人为了减肥，每天都不吃早饭，这是很不利于身体健康的。不吃早餐会使人没有精神，甚至出现头晕的症状，这样的状态不利于一天的工作和学习。长期不吃早餐会严重影响身体健康。不吃早餐不仅不能帮助减肥，还会使人变胖，这是为什么呢？原来，不吃早餐会让人体更容易吸收食物的能量，把吃下的食物都变成脂肪储存起来，时间长了当然会变胖啦。

早餐距离前一天晚餐的时间非常长，基本在 12 小时以上，这时，体内存储的糖分已经消耗完了，需要赶紧补充，否则就会出现血糖过低的现象。早餐中的营养是维持人体血糖平衡的主要来源。一份有营养的早餐，其蛋白质、脂肪和碳水化合物的比例应该是 1：0.7：5 左右，这样，不仅能让碳水化合物快速发挥提升血糖的作用，还发挥了蛋白质和脂肪维持血糖的作用。这些营养元素的互补，使人体的血糖在整个上午都维持在稳定的水平，为工作和学习提供能量。

有些人早上喜欢吃油条、薯条等油炸食品，这是很不健康的。什么样的早餐才有营养呢？营养的早餐需要具备四大要素，分别是谷类能量、蛋白营养、碱性豆奶和果蔬精华。

作为早餐的食物不需要量很大，但是营养要丰富而均衡。最有营养的早餐包括谷类、肉类或蛋类、奶制品、水果或蔬菜。如果早餐里含有这四

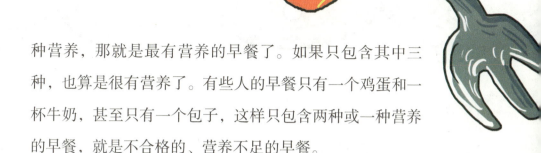

种营养，那就是最有营养的早餐了。如果只包含其中三种，也算是很有营养了。有些人的早餐只有一个鸡蛋和一杯牛奶，甚至只有一个包子，这样只包含两种或一种营养的早餐，就是不合格的、营养不足的早餐。

营养早餐的搭配有很多不同的方法，最主要的是主食不能少。早餐的主食可以是面包、馒头、面条等，分量大约 50 克就可以了，个子高大或者做体力活的人可以增加到 100 克。不过，总的来说，早餐的分量不要太多。

奶制品或豆类可以选择牛奶、酸奶或豆浆，分量大约为 250 毫升，有些人喜欢吃奶油或奶酪，这些都可以根据自己的饮食习惯来选择。蛋类食品最好选择鸡蛋，每天保证一个鸡蛋。早餐时还可以喝一些果汁，如橙汁、苹果汁等，这主要是为了补充体内的维生素。

不同年龄的人，早餐也有不同的侧重点。幼儿可以喝营养粥或吃面条等，儿童可以吃蛋羹、喝麦片粥等，山药枸杞粥比较适合老年人，普通青年人的选择就更加广泛了，只要注意营养的均衡搭配就可以了。

健康营养的午餐

你知道吗？一般情况下，一日三餐所摄入的能量比例最好是早餐 30%，午餐 40%，晚餐 30%。当然，这并不是一个固定的数值，需要根据每个人的身体条件和吃饭时间进行调整。例如，对于正在减肥的人来说，可以在早餐时多吃一些，这样，人就会感觉比较饱，午餐和晚餐就会少吃一点。

午餐时间是在一天的正中午，所以午餐起着承上启下的作用，它的营养也是非常重要的。早餐最好不要吃得太多，而午餐可以吃得饱一些。健康的午餐要有一份主食，主要是五谷。此外，午餐还要搭配丰富的蔬菜和瓜果，并且要有适量的肉类、鱼类或蛋类等。

健康营养的午餐有一个比例，叫作"一二三比例"，具体说来，就是 1/6 是肉类、鱼类或蛋类，2/6 是蔬菜，3/6 是面食或米饭等谷类主食。午餐的选择还要注意"三低一高"，也就是低油、低盐、低糖和高纤维。

也就是说，一份有营养的午餐，主食是主要部分，蔬菜的含量要丰富，肉类只占少部分。有些人称自己是"食肉动物"，每次吃饭都只吃肉类不吃蔬菜，这是不合理的饮食习惯。

　　我们还可以在用过午餐一小时后进行适量的营养补充。这个补充包括新鲜的水果或者果汁，也可以是一些健康营养的零食，如杏仁、葡萄干、香蕉片等。

　　一周有七天，每天的午餐可以多一些变化，大家不妨为自己列一份健康的"一周午餐食谱"。每天的午餐都不同，这样才能补充更加丰富多样的营养。以肉食为例，一周七天的肉食可以变

化多端，周一是土豆肉丝，周二可以变成炒猪肝，周三又变成了宫保鸡丁，周四是炒牛肉，周五是小排骨，周六是炖猪蹄，周日是小龙虾。蔬菜和水果也可以随便变化。总之，可以根据个人喜好随意安排，只要保证午餐的营养均衡就行了。

有科学家说，人一天最好要吃 24 种食品，你一天能吃几种呢？既然要吃这么多种食品，那就说明每一样都不能吃太多。一餐中至少要吃 5 种食物，你做到了吗？

晚餐一定要吃！

　　营养专家告诉我们，晚餐的营养应该占全天营养摄入量的 30% 左右，可见，晚餐的营养也是非常重要的。

　　学生的营养晚餐菜谱应该包括三大类食物，它们分别是瓜果蔬菜类、豆类制品以及肉类。瓜果蔬菜类所占的比例应该是 60% 左右，豆类制品占 30% 左右，肉类则占 10% 左右。如果把晚餐比喻成一个戏台，从戏份的多少来看，瓜果蔬菜就是戏

什么是五谷?

　　五谷其实就是指五种谷物，这五种谷物具体都是什么呢？古代对于五谷有着不同的说法，最主要的说法有两种：一种说法认为五谷是指稻、黍、稷、麦、菽这五类谷物，另一种说法是五谷包括麻、黍、稷、麦、菽。第一种说法里有稻，第二种说法则用麻代替了稻。这是因为古代生产稻子的主要是南方地区，北方地区是没有稻子的，所以有的五谷之说里就没有了稻。

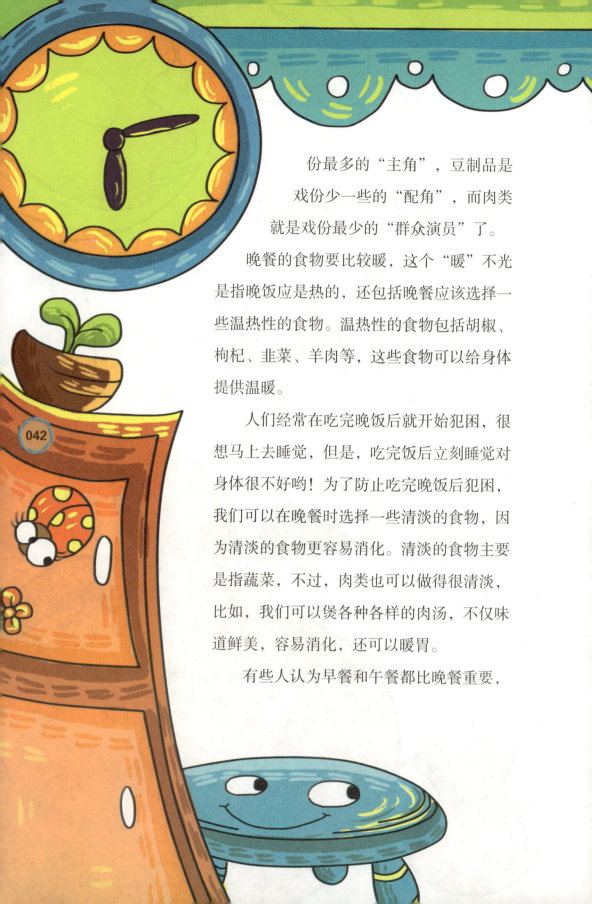

份最多的"主角"，豆制品是戏份少一些的"配角"，而肉类就是戏份最少的"群众演员"了。

晚餐的食物要比较暖，这个"暖"不光是指晚饭应是热的，还包括晚餐应该选择一些温热性的食物。温热性的食物包括胡椒、枸杞、韭菜、羊肉等，这些食物可以给身体提供温暖。

人们经常在吃完晚饭后就开始犯困，很想马上去睡觉，但是，吃完饭后立刻睡觉对身体很不好哟！为了防止吃完晚饭后犯困，我们可以在晚餐时选择一些清淡的食物，因为清淡的食物更容易消化。清淡的食物主要是指蔬菜，不过，肉类也可以做得很清淡，比如，我们可以煲各种各样的肉汤，不仅味道鲜美，容易消化，还可以暖胃。

有些人认为早餐和午餐都比晚餐重要，

于是为了减肥干脆不吃晚餐，这样是很不健康的。长期不吃晚餐容易得胃病，甚至可能会得胃癌。如果想要减肥，不妨选择粗粮作为晚餐，如玉米或燕麦等，这些粗粮含有很丰富的维生素，可以促进消化，帮助减肥。另外，要想减肥，晚餐时可以多吃蔬菜少吃水果，因为水果里的糖分比较多。

晚餐不能吃得太饱，因为胃里的食物太多会加重胃的负担，让胃在夜晚也一直紧张地工作着。晚上吃太饱会影响睡眠，导致失眠、多梦等情况，时间长了还会引起神经衰弱等疾病。另外，晚餐吃得太饱，有些蛋白质不能被人体吸收，就会转化成有毒物质，这些有毒物质要在大肠里停留很长时间，甚至会导致大肠癌。

　　吃过晚饭以后，有些人还喜欢在更晚的时候再吃一顿饭，这叫作夜宵。你知道吗？经常吃夜宵对身体不好，这是因为晚上人的活动比较少，从夜宵中吸收的热量会存储在体内变成脂肪，容易让人变胖。由于吃夜宵的时间比较晚，因此产生的尿液不能及时排出体外，尿液里的含钙量增加，时间长了可能会引发尿结石。如果夜宵时吃多了肉食，则会让人的血脂含量上升，大量的血脂积累起来，容易引发高血压。此外，夜宵时从食物中摄取的热量会让血胆固醇含量增加，还会诱发动脉硬化和冠心病。

　　如果晚上需要熬夜工作，我们可以适当吃一点清淡的食物，尽量避免吃肉食，最好吃些维生素含量高的食物，这样的食物比较容易分解。

"长寿食品" 三文鱼

根据调查，冰岛是世界上男性平均寿命最长的地区，而日本则是世界上女性平均寿命最长的地区。在冰岛和日本生活的人们，其日常饮食中有大量的鱼类和海鲜，其中很重要的一种就是三文鱼。因此，人们说三文鱼是世界上的长寿美食。

三文鱼也叫鲑鱼，是世界著名的淡水鱼。挪威是世界上三文鱼产量最多的地方，而美国的阿拉斯加和英国的英格兰所产的三文鱼是品质最好的。三文鱼是世界名贵鱼类之一，它的刺很少，

肉是橙红色的，肉质非常细嫩鲜美。三文鱼可以直接生吃，也可以做成菜肴，是人们非常喜欢的食物。

　　为什么说三文鱼的营养价值高呢？我们来看看三文鱼的营养成分吧！每100克的三文鱼含有139大卡的热量，含有蛋白质大约17克，脂肪大约8克，胆固醇68毫克，胡萝卜素0.9微克，此外还有丰富的维生素和各种矿物质。

　　三文鱼含有丰富的不饱和脂肪酸，可以帮助人体降低血脂和血胆固醇，防治心血管疾病。一个星期吃两顿三文鱼，患心脏病

死亡的概率可以降低 1/3。三文鱼中还含有一种物质叫作虾青素，它可以起到抗氧化的作用。此外，三文鱼还能增强脑功能，防止老年痴呆，并有保护视力的作用。

三文鱼被称为"水中珍品"，它还可以预防糖尿病，并对多种疾病都有治疗的效果。三文鱼适合各种年龄的人食用，患有水肿、消化不良等疾病的人吃了三文鱼可以减轻疾病。

现在的三文鱼很多都是人工培育的，当然也有野生的。不过，你知道吗？我们是不能随便捕捞野生三文鱼的。野生三文鱼平时都生活在海洋里，到了产卵的时候就会游到淡水里去。大多数的

三文鱼最"怕热"

很多人不习惯生吃鱼肉，可是，三文鱼生吃时的营养价值是最高的。当温度达到70℃以上时，它的营养成分会被破坏。经过长时间高温的烹饪，三文鱼中的维生素甚至会全部流失。所以，烹饪三文鱼时，应该快速地煮或煎，减少烹饪时间，在五分熟的时候，三文鱼的口感和营养都非常好。

三文鱼是由河流里的三文鱼卵孵化的，长大后生活在海边的养殖场里。

　　人们经常会把三文鱼切成片出售，三文鱼片的做法多样，可以腌制，也可以熏烤。新鲜的三文鱼可以做成生鱼片，和寿司配在一起吃，日本比较流行这样的吃法。在我国，三文鱼可以用煮、炸、烤等方式制成各种菜肴，十分美味。

食用油是如何做出来的？

食用油是炒菜时必不可少的材料，相信小朋友们在厨房里都见过。它不像饼干那样是用其他材料制成的，也不像水果那样是天然生长出来的，那么，食用油是如何做出来的呢？

原来，食用油是榨出来的。我们平时食用的油有不同的种类，名称也不同，例如花生油、芝麻油、橄榄油、大豆油等，从名字可以看出来，花生油是从花生里榨出来的，芝麻油是从芝麻里榨出来的，橄榄油是从橄榄里榨出来的……

从类型来看，食用油大致可以分成四种，分别是木本植物油、草本植物油、海洋动物油和陆地动物油。木本植物油是用木本植物榨取的，像核桃油、橄榄油等。草本植物油是用草本植物榨出来的，如大豆油、花生油、菜籽油等。除了植物，动物身上也能炼出油：海洋动物油有鲸油、深海鱼油等，陆地动物油有猪油、牛油、鸡油等。

我们常见的有大豆油、芝麻油和调和油。相信很多小朋友在家里吃饭时都尝过。

大豆油是淡黄色的，它是从大豆的种子中榨取出来的油。大豆油中含有丰富的亚油酸和维生素，人体对大豆油的吸收率高达98%，对健康非常有益。所以说，大豆油是一种营养价值很高的食用油。不同种类的大豆，其出油率也不同。进口大豆的出油率通常比较高，大约是19%，也就是说，100斤进口大豆能榨出19斤油，而国产大豆的出油率只有16%。

芝麻油也叫麻油或香油，闻起来很香。芝麻油的颜色是红棕色的，看起来很漂亮，人们经常用它来拌凉菜。芝麻油里含有脂肪酸、亚油酸、花生酸等各种营养成分，对身体的健康很有益

处，可以调节毛细血管的渗透作用。经常吃芝麻油有助于改善血液循环，增强身体对氧的吸收作用。你知道吗？芝麻油还是一种天然的抗氧化剂哦，它含有其他植物油中所没有的成分——芝麻酚，这也是芝麻油被称为著名的"长寿食品"的原因。芝麻油的出油率是 45% 左右，即 100 斤芝麻能榨出 45 斤芝麻油。

调和油是一种比较特殊的食用油，它不是单纯的一种油，而是由两种以上的油按照一定的比例调和而成。调和油选用的油一般有花生油、芝麻油、菜籽油、大豆油等。常见的调和油有营养调和油，它的主要成分是向日葵油。还有一种 4：1 的健康调和油，是用紫苏油、亚麻油、葵花油、麻油、豆油共五种天然油调和而成的，4：1 是指这种油里的亚油酸和亚麻酸的比例是 4：1，是不是营养很丰富呢？

食用油不仅让菜肴更美味，而且有益于人体健康，不同种类的食用油对人体的健康作用也不同，我们可以根据自己的需要，选择适合自己的食用油，让身体变得越来越棒哦！

牛奶中有什么？

牛奶是从奶牛身上挤出来的奶。早餐时，妈妈一般都会给小朋友们准备一杯牛奶。有的小朋友很喜欢喝牛奶，有的小朋友却不喜欢牛奶的味道，每次喝牛奶的时候都会皱着眉头问："为什么每天要喝牛奶？"

妈妈大都会笑着告诉小朋友："因为牛奶很有营养啊，有助

于身体的生长发育。"牛奶真的很有营养吗？我们一起来看看牛奶的成分吧。

　　人们经常说的一句话是，喝牛奶可以补钙。由此可见，牛奶里含的钙质非常丰富。牛奶是人体内钙的最佳来源，因为牛奶里钙和磷的比例非常恰当，刚好适合人体吸收。

　　大自然中的钙都是化合态，只有被动植物吸收以后，钙才能具有生物活性，这样的钙叫作活性钙，只有活性钙才能被人体很好地吸收。牛奶里含有丰富的活性钙，一升新鲜的牛奶所含的活性钙大约有 1 250 毫克，这个含量在所有食物中居第一位。牛奶

里的活性钙含量是大米的 100 倍左右，是瘦牛肉的 70 多倍，是瘦猪肉的 100 多倍。

牛奶不仅含钙量丰富，而且，这些钙很容易被吸收，人体对牛奶中钙的吸收率高达 98%。牛奶能够很好地调节人体内钙的代谢，促进骨骼的钙化，所以说"牛奶能补钙"是有科学依据的。

除了钙以外，牛奶里还富含其他的矿物质，如磷、铁、锌、铜、锰等。按照牛奶里各种化学成分的比例来看，水的含量约占 87.5%，脂肪占 3.5% 左右，蛋白质占 3% 左右，乳糖占 4.7% 左右，无机盐占 0.7% 左右。

　　组成人体蛋白质的氨基酸有 20 多种，有的氨基酸是人体自身可以合成的，还有 9 种氨基酸是人体不能合成的，必须从外界的食物中获得。含有这些人体不能合成的氨基酸的蛋白质叫作全蛋白，对于人体来说，全蛋白是非常重要的营养。而牛奶里所含的蛋白质就是全蛋白，所以，喝牛奶可以补充全蛋白，也就是能够补充那些人体自身不能合成的氨基酸。

　　对青少年来说，牛奶能补钙，促进身体骨骼的发育，而对老年人来说，牛奶也是非常有营养的补品。老年人容易出现胆固醇含量过高的情况，所以在饮食上要非常注意。牛奶中的胆固醇含量是很低的，100 克牛奶中所含的胆固醇大约只有 13 毫克，而 100 克瘦肉中所含的胆固醇则有 77 毫克，比牛奶高多了。此外，牛奶被人体吸收后，某些成分还能在一定程度上减少肝脏制造胆固醇的数量，有降低胆固醇的作用。所以老年人喝牛奶是非常有益于身体健康的。

　　新鲜的牛奶保质期比较短，很容易变质，所以新鲜牛奶是最贵的。刚挤出来的牛奶里含有抗菌的活性物质，在 4℃左右的气温中能保存 30 小时左右。这样的牛奶不需要加热就能直

接喝，它营养丰富，可以促进儿童的生长发育。

因为新鲜牛奶的保质期很短，所以，为了延长牛奶的保存期限，我们现在喝的很多牛奶都是经过杀菌处理的。在这个过程中，很多有益的菌种会被消灭，牛奶的营养成分也有一部分被破坏了，比如，灭菌牛奶中的 B 族维生素有 30% 左右的流失。不过，牛奶的保质期却变长了，一般能存放 30 天左右。常温奶采用的是高温灭菌的方法，把有害的细菌都消灭了。这样的牛奶不需要冷藏，在常温下可以保存 6 个月到 12 个月，不过，牛奶里的很多营养成分都流失了。

第三章

美食与数学篇

葡萄酒的学问

　　小朋友们，你们听说过葡萄酒吗？关于葡萄酒的来历还有一个有趣的传说呢！在很久以前，一位波斯国王很喜欢吃葡萄，他总是把葡萄藏在陶罐里。为了防止别人偷吃他的葡萄，他想了一个办法，在罐子外写着"有毒"。有一次，国王的一位妃子对生活产生了厌倦，想离开人世。她无意中发现一罐标着"有毒"的葡萄，便毫不犹豫地把里面的汁水喝掉了。结果，她发现自己根本就没有中毒，而且一下子就喜欢上了里面汁水的味道。于是妃子把这些味道甘甜的汁水端给了国王，国王喝了以后也非常喜欢。后来，国王命令把葡萄装在罐子里发酵，这就是最早的葡萄酒。

　　我们有时会听到这样的说法，这瓶葡萄酒是某年生产的，似乎是一个离现在比较远的年份。小朋友们可能会好奇，生产葡萄酒到底需要多少年呢？下面，就让我们好好了解一下葡萄酒的知识吧！

葡萄酒是用新鲜的葡萄或葡萄汁发酵酿制的，葡萄酒里除了含有葡萄汁外，还含有酒精，酒精的浓度一般占 8.5% 至 16.2%。一般将葡萄酒分为白葡萄酒和红葡萄酒。白葡萄酒是用葡萄汁发酵的，而红葡萄酒则是用红葡萄带着皮一起发酵的。葡萄酒里之所以含有酒精，是因为人们在葡萄酒的酿造过程中加入了糖。在发酵葡萄酒的过程中，微生物会消耗葡萄里的糖分，产生酒精。如果只靠葡萄本身的糖分，酿出来的葡萄酒的酒精成分会很低。要想酿造酒精浓度高一点的葡萄酒，就需要人工加入一些糖。这样，葡萄酒喝起来除了有酒味外，还有淡淡的甜味。

给葡萄加糖要按照一定的比例，一般是 10 千克的葡萄加入 1 千克的白糖，这样酿造出来的葡萄酒大约有 10 度。如果不额外加糖，酿造出来的葡萄酒大约 8 度。加糖一般分成几道程序，第一次是在酿造的时候加入一半，三四天后，再把剩余的糖加进去。每 100 克酿酒用的葡

萄里含糖 15 克左右。

　　一般酿葡萄酒需要二十多天到一个多月的时间，这是根据葡萄的发酵时间来定的。酿好后就可以把葡萄酒打开，分别装入其他瓶子里密封好，要喝的时候再取出来。葡萄酒宜低温保存，存放在温度为 15℃到 20℃的环境中。

　　很多人挑选葡萄酒时都会看年份，那么，是否葡萄酒生产的年份越久远，品质就越好呢？答案是否定的。年份的久远并不能决定葡萄酒的好坏，葡萄的品质才是决定葡萄酒好坏的关键。如果某一年的葡萄颗粒大，品质好，这一年酿造出来的葡萄酒就会好。即使同一年份生产的葡萄酒，品质也不相同。

　　原来，葡萄酒还有这么多学问呢？小朋友们，只要你们平时多注意观察，多问为什么，就能从生活里学到不少课本里没有的知识呢！

妙发小饼干

幼儿园里每天下午都会给小朋友们发零食，有时候是糖果，有时候是饼干。今天，又到了发零食的时间，老师把饼干放在桌子上，对小朋友们说："你们已经学习了简单的加减法，下面，老师就来考考你们吧！"

说着，老师拿起桌子上的饼干，说："我们班一共有 20 个小朋友，每个小朋友可以分到两袋小饼干，请问桌子上的这些饼干一共有多少袋？"

已经学过加法和减法的小朋友们纷纷拿出纸和笔，埋着头算起来。要算出饼干共有多少袋，就要把每个小朋友分到的饼干加起来，也就是把 20 个 2 相加，对于小朋友们来说，这可是一个巨大的工程啊。小朋友们在纸上写下了一个又一个 2，中间用加号连接起来。强强写字很大，不一会

儿，他的纸上就写满了2。

他数了一下，一共才 17 个 2，看来这张纸上是写不下 20 个 2 了，强强只好把笔放下了。

正当其他小朋友还在埋头写 2 的时候，小明同学高高举起了手："老师，我算出来了，一共是 40 袋饼干！"

幼儿园里的老师只教过小朋友们简单的加减法，所以，要算出饼干的数量，小朋友们只能一个数一个数地相加。老师没想到小明能这么快算出来，便好奇地问："小明，你怎么算得这么快？"

小明昂起小脑袋，骄傲地说："在家里我爸爸教过我乘法，20 个 2 相加，就是 2 乘以 20，很快就算出来了。"

老师拍拍小明的头，说："真是个聪明的小朋友，连乘法都学过了。"

小明说："我还学过除法呢，不过现在只学了很简单的算法，再复杂一点儿的我还不会算呢。爸爸说我从小就对数字很感兴趣，我以后一定要当个数学家。"

老师说："嗯，那你可要为了你的理想好好努力啊！"小朋友们都羡慕地看着小明。

这时，幼儿园里负责整理和打扫的阿姨走进教室，她手上拿着一些饼干，对老师说："不好意思，老师，这里还有一些饼干，因为放在柜子里，所以我忘记拿出来了。"

老师数了数阿姨新拿过来的饼干，一共有 20 袋，加上桌子上的饼干就是 60 袋了，她对小明说："现在饼干变成 60 袋了，你算一下，每个人要分多少袋？"

小明说："这个很简单，就是用 60 除以 20。"说着，他拿起笔在纸上算了起来，不一会儿答案就出来了，每个小朋友可以分到 3 袋小饼干。

这时，强强忽然大声说："虽然我不会算除法，但是我也能公平地把饼干分给大家。"

老师说："好吧，这些饼干就交给强强同学了，大家看看强强是怎么分的。"

只见强强同学拿起了饼干，依次给每个人发了一袋，在所有

数学有哪些算法?

算术是数学的一门分支学科。所谓算术，就是各种各样计算的方法，是最古老、最基础和最初等的数学。在数学中，算术的算法有四种，也就是我们所说的四则运算——加法、减法、乘法、除法。学习的时候，要从最简单的加减法开始，其中加法和减法是相反的，乘法和除法是相反的。加减乘除的运算法则都是人们在长期的实践中总结出来的。

人都拿到一袋小饼干后，他又从头再每人发一袋。强强一共发了三次，每个人都分到了三袋饼干，此时，刚好把所有饼干都发完。

老师大声说："强强同学真聪明，不用除法也把饼干公平地分给了大家。我们要向小明和强强学习，大家给他们鼓掌。"

讨价还价的乐趣

超市里的商品都有固定的价格，不能讨价还价，但有很多地方的商品是可以讨价还价的，比如菜市场、个体小商店等。

讨价还价是中国人的传统习惯，很久以前就开始在买卖中流行了。小朋友们见过讨价还价吗？是不是很好奇为什么大家都喜欢讨价还价？这是因为买东西的人总想省点钱，能少给点就少给点，而对于卖东西的人来说，赚得少总比没有赚到强，所以卖东西的人可以忍受一定范围内的讨价还价。但是，如果买东西的人所给的价格比货物的进价还低，卖东西的人可就不答应了，这是他的底线，他是要赚钱的。

讨价还价是一门技巧，只有经常买卖东西的人才能很好地掌握这个技巧。很多人在讨价还价时采用的方法是去掉零头，什么是零头呢？零头就是整数之外的零钱。比如，买两棵白菜要花3元3角钱，买东西的人就说："干脆给3元钱好了。"这样就能便宜3角钱了，虽然3角钱的数目很小，但是如果每天买东西时都能便宜3角钱，时间长了，也能省下一笔不小的开支。

讨价还价还有一个方法，也是用整数购买。夏天，有很多卖那种可以削皮的小西瓜的，如果一个小西瓜是3.5元，买东西的人经常就会说："要不10元钱3个算了。"一个小西瓜3.5元，3个小西瓜就是10.5元，而10元钱买3个就可以节省5角钱了。不过，有的人不会算术就闹笑话了，有时一个小西瓜卖3元钱，有的人却直接给了卖主10元钱，说："10元钱3个，就这么定啊。"还生怕卖主不答应，丢下钱拿着3个小西瓜就跑了。这个人不知道自己已经吃亏了，本来3元钱一个小西

瓜，3个小西瓜才9元钱，他却给了10元，不但没有省钱，还多给了1元钱。

购买瓜果蔬菜这些吃的东西时，讨价还价是有技巧的。早晨刚上市的蔬菜很新鲜，很多人喜欢在这个时候抢购，卖家并不缺少顾客，所以讨价还价很难，有时连1角钱都不会便宜。快到中午的时候，蔬菜不像早上那么新鲜了，而且，放的时间越长，蔬菜看起来就越不新鲜，卖家想赶紧把菜卖完，这时是很好讲价钱的。有的小朋友会说，早上的菜很新鲜啊，为什么要等到快中午的时候再买呢？原

讨价还价有哪些技巧？

有一招叫作"声东击西"，就是买东西时不要盯着想要的那个商品，而是故意看别的商品，因为如果你对一个东西表现出很大的兴趣，卖家就会知道你很想要这个东西，就会把价钱开得比较高。还有一招叫作"夺门而出"，你可以先报一个比较低的价钱，如果卖家不同意，你就直接离开，表现出不是很想要的样子，卖家以为你要走了，会赶紧把你拦下来，就算最后没有同意你给的价钱，也会比原来的要价便宜很多。

来，虽然早上的菜确实更新鲜一些，但很多人买回家后是直接放在厨房里，等到中午才做菜的，和中午直接在外面买到的菜是一样的，早上买却可能要多付一些钱。

在菜市场购买猪肉、牛肉等肉类时，由于这些比较贵，因此可能不太好讨价还价。这时，买东西的人可以要求卖家送一点别的东西，如猪血、猪肝等，这也相当于少给了些钱。

招待客人要巧妙

　　童童的爸爸最近升职了，他的同事们要来家里给爸爸庆祝，童童的妈妈正在超市里购买招待客人需要的东西。

　　童童很喜欢嗑瓜子，她赶紧趁这个机会对妈妈说："买一些瓜子吧，大家肯定都喜欢吃。"妈妈笑着说："我看是你喜欢吃吧？"虽然这么说，不过，妈妈还是答应了童童的要求，带着她去了卖瓜子的货架。

　　妈妈故意要考考童童，就说："买瓜子可以，不过，你得算一算我们需要买多少袋瓜子。"

　　这个牌子的瓜子是童童最喜欢的，可惜只有小袋的，没有大袋的。童童经常

会买一袋回家，边看电视边嗑瓜子，不知不觉中，一袋瓜子就没了，感觉还没有吃够。有一次，童童买了两袋瓜子，第一袋吃完后，她接着又吃第二袋，可第二袋吃到一半时，她就觉得舌头麻了，不想再吃了。剩下的半袋瓜子一直放在家里，等她下次拿出来想吃时，瓜子已经不脆了，一点都不好吃，半袋瓜子就这样浪费了。

妈妈是个很节省的人，最不喜欢浪费，上次因为那浪费了的半袋瓜子还批评了童童。童童心想，这次购买的瓜子一定要适量，不能浪费。她问妈妈："这次来的客人共有几位呢？"

妈妈说："一共 5 个人。"

童童就开始算了起来，她自己是小孩，每次可以吃掉一袋半的瓜子，大

人当然比她吃得多，可以按照每人两袋来计算。五个客人加上爸爸妈妈两个人，一共是7个人，每人两袋瓜子，2乘以7，一共是14袋瓜子。当然，自己的也不能少了，虽然自己是个小孩，但还是按照两袋算吧，毕竟超市是不会卖半袋瓜子的。

而且，说不定某个客人非常喜欢吃瓜子，两袋根本不够，那她这里多出来的半袋就可以给那位客人了。

算好后，童童大声告诉妈妈："我们买16袋瓜子吧。"这个数目和妈妈估计的一样，妈妈笑着拿了16袋瓜子。

回到家后，妈妈去厨房做饭，童童把所有瓜子的袋子都拆开，把瓜子倒进盘子里给客人端上去，客人们都非常喜欢吃这种瓜子，都说味道很好。

客人们吃完饭后离开了，童童主动去帮妈妈收拾碗筷。她惊奇地发现，桌子上每个盘子里的菜都刚好只剩一点残渣，连电饭锅里的米饭都只剩最后一碗了，盘子里的瓜子也只剩下一点，几乎全被吃光了，没有浪费。

童童好奇地问妈妈："为什么每样菜都刚刚够？"

妈妈说："因为我事先知道需要多少饭菜啊，如果做得太多，肯定会有剩菜。吃剩菜不利于身体健康，只能全部倒掉，那多浪费啊！"

童童问："那您是怎么估计要做多少菜的呢？"

妈妈笑着说："很简单，就用数学的加减乘除算法。按照平均每人吃一盘半的菜来计算，五个客人加上你爸爸和我，一共是7个人，需要10.5盘菜。你这个小朋友就算半盘菜吧，一共就是11盘菜。其中，土豆排骨是很大一碗，可以算作是两盘菜，所以，10盘菜就够了。每盘菜的多少按照我们平时吃的那样就行了。"

童童看着电饭煲里的饭说："米饭也是这么算的吧？根据

一个人可以吃几碗饭，算出这么多人一共需要几碗饭？"

妈妈说："还不只这么简单，因为大米做成米饭时会膨胀，往往一碗大米做出来的米饭不止一碗。所以，算出客人需要多少碗米饭之后，还要算出做这些米饭需要几碗米。"

童童仰慕地看着妈妈："原来招待客人还要会算术啊，妈妈太了不起了！"

食物是如何定价的?

　　小朋友们经常拿着钱去买东西吃，大家都知道有的东西贵，有的东西便宜。可是小朋友会不会产生疑问，这些食物的价格是怎么定下来的呢？

　　就吃的东西来说，有的是天然生长的，如苹果、梨子、白菜、西瓜等，这些是直接从树上或田地里采摘下来的。水果店和菜市场的货物最初都是从农田里来的，所售价格跟最初的价格有关。到达店里的水果当然会比直接从树上摘下来的贵，因为中间多了人工搬运的费用和运输的费用等。

　　水果店里水果的价格是在最初的价格上加上各种费用，再保留一部分利润而定下来的，那最初的价格又是怎么定下来的呢？影响瓜果蔬菜价格的因素有很多，以种植蔬菜为例：购买蔬菜的种子需要钱；给蔬菜施肥需要人力，有时还要购买专门的肥料；种植蔬菜的土地是租用的，同样要花钱；有时菜地离家里比较远，要去照看蔬菜还要乘坐汽车等交通工具，这是花在交通运输上的钱……在种植蔬菜过程中所花费的钱叫作成本，把这些蔬菜都卖出去时，不仅要收回之前的成本，另外还要赚钱。到底能赚多少钱呢？这就要由人们给蔬菜定的价格来决定了。

一般情况下，生长期比较短的蔬菜的价格要便宜些。现在有了塑料大棚，种植蔬菜不再受到季节的限制了。蔬菜收割了以后可以接着再种，不需考虑外面是什么气候了。如果蔬菜的生长期比较短，那么，蔬菜很快就能成熟，卖完后很快又有新的蔬菜长成。如此，这种蔬菜的数量就会很多，人们不再缺少这种蔬菜，价格就会便宜一些。相反，如果一种蔬菜需要很久才能成熟，市场上这种蔬菜就会相对紧缺一些，价格也就会贵一些。

　　物以稀为贵。在大量水果成熟的秋季，水果的种类和数量都非常多，价格就会低一些；到了水果比较少的冬季，价格则会高一些。夏天是西瓜成熟的季节，到处都可以买到便宜的西瓜。而冬天气温低，只有南方的海南等比较炎热的地方才会有西瓜，此时，北方的西瓜都是从南方千里迢迢运过来的，光运输费用就不少，价格当然就会很贵了。如果一个地区缺少某样食物，需要从别的地方运过来，那么，运输费用在食

物最终的价格中就会占很大比例。比如，新疆的特产哈密瓜在当地卖得非常便宜，而被运送到其他地方的哈密瓜都很贵，这里面就加上了运输费用。

现在，我们了解了天然的瓜果蔬菜是怎么定价的，可能又有小朋友要问了，那些通过加工而成的食物又是怎么定价的呢？

生活中，我们吃到的很多食物都不是它们本来的样子，是后来加工过的，有的食物里面融合了好几种材料。对于通过加工而成的食物来说，影响价格的因素有原材料的价格、人工的费用、运输的费用等。

以一个蛋糕为例，制作蛋糕需要用到的原材料有面

粉、鸡蛋、糖、水、油等，购买这些材料的总花费就是原材料的价格。另外，蛋糕店里的蛋糕都是请师傅做的，而蛋糕店还要给师傅发工资，这些也要算到蛋糕的成本里。把所有的成本加起来，再加上蛋糕店的利润，就是蛋糕的最后价格。如果蛋糕还要运送到其他地方去卖，那么，它的成本里还要加上运输的费用。

小朋友们在买吃的东西时，往往会看看它的价格，然而你们一定没想到这个看起来简简单单的价格，得来的过程却是这么麻烦吧？

茶的妙用

　　喝茶是我们中华民族的传统习惯，为什么这么多人喜欢喝茶呢？原来，喝茶不仅是一种文化和艺术，还有利于身体健康呢。

　　喝茶可以消食，当你吃了油腻的食物后，喝茶可以减轻那种油腻感。很多人都知道，喝茶不但可以解渴，还可以明目。当你心情郁闷的时候，喝茶还可以消除心里的烦躁。如果你上火了，

喝茶还能降火，起到降暑解毒的作用。茶文化自古以来就和中医药相互影响，在中医里，茶就是一种药，茶不仅能够治疗疾病，还能延年益寿、抗老强身呢！由于茶可以治疗多种疾病，还有防癌抗癌的作用，因此被人们称为"万病之药"。

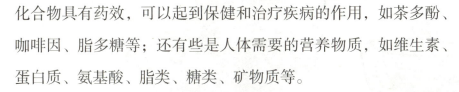

为什么茶对人体会有这么多的好处呢？科学家们经过检测，发现茶叶里所含的化合物多达 500 多种，所含的营养成分非常丰富。这些化合物中，有一些化合物具有药效，可以起到保健和治疗疾病的作用，如茶多酚、咖啡因、脂多糖等；还有些是人体需要的营养物质，如维生素、蛋白质、氨基酸、脂类、糖类、矿物质等。

茶里含有丰富的维生素，主要分为水溶性维生素和脂溶性维生素。水溶性维生素可以通过喝茶直接被人体吸收，比如维生素 C 和 B 族维生素，所以喝茶是补充维生素的一个好方法，经常喝茶可以补充多种维生素。

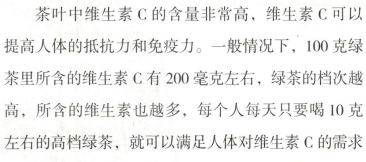

茶叶中维生素 C 的含量非常高，维生素 C 可以提高人体的抵抗力和免疫力。一般情况下，100 克绿茶里所含的维生素 C 有 200 毫克左右，绿茶的档次越高，所含的维生素也越多，每个人每天只要喝 10 克左右的高档绿茶，就可以满足人体对维生素 C 的需求

了。而 100 克高级龙井茶里，维生素 C 的含量则高达 350 毫克，比柠檬、橘子这些高维生素 C 的水果的含量还高。

茶叶中含有丰富的 B 族维生素，B 族维生素可以促进身体的新陈代谢，是把糖、脂肪、蛋白质等转化成热量时不可缺少的物质。如果缺少 B 族维生素，体内的细胞功能会马上下降，造成新陈代谢上的障碍，使人感到疲倦和食欲不振。所以，经常喝茶可以补充各种类型的 B 族维生素，有益健康。

脂溶性维生素在水里不易溶解，哪怕是在沸水中泡过也不容易被人体吸收。所以现在有些人不把茶叶泡在水里，而是把茶叶磨成很细的碎末，添加在各种各样的食物中，比如含有茶叶的糕点、甜品等，这就是所谓的"吃茶"。吃了这些含有茶叶的食物，就可以吸收茶叶中那些脂溶性维生素。不过茶叶中大部分的蛋白质都不能在水中溶解，通过喝茶直接被人体吸收的蛋白质只有2%左右。

　　茶叶中除了维生素含量丰富，还含有丰富的氨基酸，种类有25种以上。虽然每种氨基酸的数量都不多，但是也能补充人体的需要。

茶叶中含有大量的矿物元素，包括磷、钙、钾、钠、镁、硫等，这些都是人体所需要的。其中还含有不少微量元素，包括铁、锰、锌、硒、铜、碘等。茶叶的含铁量很丰富，每克茶叶中含有的铁大约有100多微克。茶叶还含有丰富的锌元素，平均每克红茶中含有的锌大约有30微克，绿茶中含有的锌相对多一些，每克绿茶中锌的含量最高可达200多微克。经常喝茶可以补充身体所需的这些矿物元素，有益于身体的健康。

说了这么多，小朋友们是不是很好奇我国有哪些茶呢?

我国有著名的十大名茶，分别是产于杭州西湖附近的龙井，产于苏州洞庭山附近的碧螺春，产于黄山附近的毛峰，产于庐山附近的云雾茶，产于安溪的铁观音，产于君山的银针，产于六安的瓜片，此外还有信阳毛尖、武夷岩茶和祁门红茶。

我国地大物博，还有很多未知的事物等着我们去发掘呢!

少喝可乐好处多

　　可乐是一种非常流行的饮料，它是黑褐色的，喝起来有一定的刺激性。可乐的口味多种多样，有香草味的、肉桂味的、柠檬味的等。可乐里含有咖啡因，而不含酒精，所以可乐只是一种饮料，不是酒类。

　　很多人喜欢喝可乐，因为可乐的味道很好。有些人喝可乐后会打嗝，可乐里含有二氧化碳，打嗝时，二

氧化碳会把人体内的热量带出来，起到散热的作用，这是喝可乐的好处。不过，喝可乐也会给身体带来不好的影响，因为可乐里面含有咖啡因。咖啡因能够暂时赶走人的困意，让人变得精神起来，有提神的作用。但是，大量服用咖啡因会对身体造成危害，咖啡因会让人成瘾，一旦停止服用，就会出现疲惫和无精打采的症状。另外，咖啡因还能刺激人的神经系统，对器官造成损害。因此，含有咖啡因的可乐喝多了对身体也不好。

不论是对儿童、青少年还是成年人而言，可乐喝多了都不好。英国的一位科学家认为，很多青少年的牙齿都受到了腐蚀，这与经常喝可乐等碳酸饮料有很大关系。

除了能带走身体的热量外，从营养学的角度看，可乐是没有任何价值的。可乐的含糖量比较高，喝多了容易发胖。

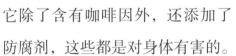

它除了含有咖啡因外，还添加了防腐剂，这些都是对身体有害的。

根据检测，一瓶 340 克的可乐中含有 50 到 80 毫克的咖啡因。成年人一次服用 1 克以上的咖啡因时，会产生呼吸加快、心跳加速、头昏眼花、耳鸣等症状。即使是一次服用 1 克以下的咖啡因，也会导致恶心、呕吐、眼花等不适症状。少年儿童就更容易受到咖啡因的损害了，所以，小孩子最好少喝甚至不喝可乐这样的饮料。

另外，可乐中含有磷酸，这是一种对骨质有害的物质。经常喝可乐很可能使骨质变软，容易发生骨质疏松。哈佛医学院副教授格莱斯·威斯哈克对波士顿高中学校的 460 名九年级和十年级的在校女生进行了调查，研究表明，喜欢喝可乐的少女

087

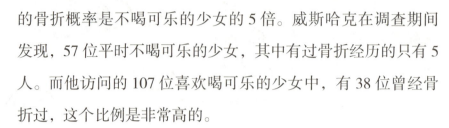

的骨折概率是不喝可乐的少女的 5 倍。威斯哈克在调查期间发现，57 位平时不喝可乐的少女，其中有过骨折经历的只有 5 人。而他访问的 107 位喜欢喝可乐的少女中，有 38 位曾经骨折过，这个比例是非常高的。

老年人也不能多喝可乐，因为可乐会让身体对钙的吸收减少一半。老年人经常喝可乐，就会出现缺钙的现象。

所以，为了我们的身体健康，我们不要再喝可乐了。同时，我们还要劝爸爸妈妈和爷爷奶奶，以及身边的小朋友们，让他们都不要再喝可乐了。

第四章

"超级"食物篇

食物中有多少热量？

什么是热量呢？当温度不同时，就会发生能量的转化，在这个过程中所转移的能量就是热量。热量能够为人体提供能量，是人的生命活动不可缺少的部分。肌肉的收缩需要热量，细胞的活动需要热量，新陈代谢需要热量……人体需要的热量主要来自于食物，食物中所含的营养主要有五大类，分别是碳水化合物、脂类、蛋白质、矿物质和维生素。其中，碳水化

合物、脂类、蛋白质这三种物质被吸收后，在人体内的氧气的作用下可以释放能量，因此这三种营养物质被称为"热源质"。

在国际单位制中，热量的单位是焦耳，历史上也曾经用卡路里作为热量的单位，焦耳可以简称为焦，卡路里简称为卡。1卡路里的热量等于4.186焦耳，1千卡等于1 000卡，等于4.186千焦，也等于4 186焦。

可能小朋友们还是很疑惑，1 000卡到底有多少热量呢？我们用一个具体的例子来说明，1 000克的水从15℃升高1℃所需要的热量就是1 000卡。另一个人们习惯用的食物热量单位是大卡，1大卡就等于1 000卡。

食物中提供热量的是营养素，不同的营养素里所含的热量也不同。脂肪是热量最高的营养物质，每克脂肪有9千卡的热量。其次是酒精，每克酒精有7千卡的热量。碳水化合物和蛋白质是一样的，每克有4千卡的热量，而每克有机酸只有2.4千卡的热量。

因为组成食物的营养物质是不同的，所以不同食物里的热量也是不同的。肥肉含的脂肪比较多，所以热量很高，蔬菜和水果中的热量则比较低。

一般情况下，天然的食物热量低，经过加工以后的食物热量

会增加。比如，新鲜蔬菜中的热量就很低，而用油炒过的蔬菜的热量会增加很多，甚至是翻了好几倍。为了不增加蔬菜的热量，我们可以把蔬菜做成汤，并且最好在做汤之前，先把蔬菜用热水烫一下，这样可以缩短煮汤的时间，蔬菜里的营养成分也不会流失。

　　那么，怎样才能计算出一份食物中包含的热量是多少呢？要计算食物的热量，首先要知道食物中每种营养物质的分量。食物的热量有一个计算公式：用食物中所含的糖类的克数乘以4，蛋白质的克数乘以4，脂肪的克数乘以9，酒精的克数乘以7，把这四个数据相加，得出来的结果再加上其他热量的含量，最后就可以得出食物中所包含的总热量了。

食物让你胖还是瘦？

热量是人体活动不可缺少的物质，不过，我们摄取的热量是有一个固定范围的，缺少热量或者热量过剩都对身体不好。

每个人所需要的热量与这个人的体重成正比，也就是说，体重越重的人需要的热量越多。关于一个人每天需要多少热量有一个计算公式：用 4.186 千焦乘以 24，再乘以这个人的体重（单位是千克），得出的结果就是这个人每天需要的热量。用这个公式计算可知，一个体重为 50 千克的人每天需要的热量是 5.023 兆焦。平均而言，一个人的体重每增加一公斤，所需要的热量就要增加 0.1 兆焦。

一个成年男子每天所需的热量大约为 9.25 兆焦到 10.09 兆焦，而一

095

个成年女子每天所需的热量大约为 7.98 兆焦至 8.82 兆焦。上面给出的计算身体所需热量的公式只适合成年人，因为成年人的身体已经发育成熟了，而青少年虽然体重比不上成年人，但是，身体需要的热量有时甚至比成年人还多，这是因为青少年正在长身体，需要额外的热量。小学生每天所需要的热量和一个成年男子差不多，而正在发育的中学生需要的热量则更多。

仔细观察周围的人，小朋友们就会发现，有的人很瘦，有的人却很胖。其实，一个人的胖瘦跟身体摄取的热量有很大的关系。如果一个人每天吸收的热量不足，那么，这个人就会感到很饿，消耗的都是身体储存的能量，慢慢地就会变瘦，以减少需要消耗的能量。如果青少年每天吸收的热量不足，就会影响身体的发育。

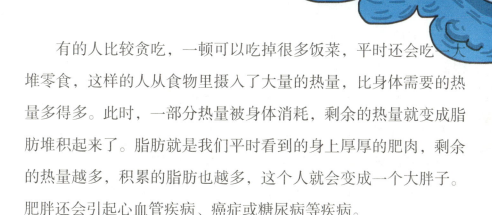

　　有的人比较贪吃，一顿可以吃掉很多饭菜，平时还会吃一大堆零食，这样的人从食物里摄入了大量的热量，比身体需要的热量多得多。此时，一部分热量被身体消耗，剩余的热量就变成脂肪堆积起来了。脂肪就是我们平时看到的身上厚厚的肥肉，剩余的热量越多，积累的脂肪也越多，这个人就会变成一个大胖子。肥胖还会引起心血管疾病、癌症或糖尿病等疾病。

　　热量对我们的身体很重要，热量少了会影响身体的正常活动，而热量过多又会导致肥胖症。现代生活中，各种各样的美食每天都在诱惑我们，很少有人摄入的热量不足，基本上，大家摄入的热量都有些过剩。为了防止变胖，在吃东西时我们要好好挑选。有的食物热

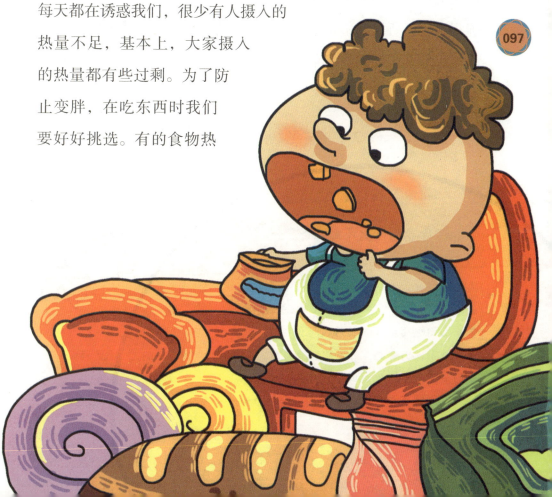

量高，只吃一点点就会吸收很多热量；有的食物味道鲜美却热量很低，吃很多也只吸收了一点点的热量。

为了不让自己变胖，我们可以选择那些热量低的食物。不过，每天的主食和菜是不能少的，否则会影响身体健康，有的人就是因为过度减肥，每天不吃主食，才让身体变得很差。

对小朋友们来说，十分重要的一点就是不能挑食。有的小朋友只吃肉不吃蔬菜，要知道肉类比蔬菜的热量高多了，一根火腿肠有 320 大卡的热量，一个番茄才 20 大卡的热量。吃同样数量的肉类比吃同样数量的蔬菜所摄入的热量要多几十倍。肉类的营养很丰富，所以并不是让小朋友们不吃肉类，而是不要吃太多，不然可能会长胖哟。蔬菜热量少，营养也丰富，多吃蔬菜有益于身体健康。

油炸食品为什么不能多吃?

油炸食品没有营养，热量还偏高。一个肯德基的鸡腿堡有 441 大卡的热量，一份鸡块有 286 大卡的热量。人们吃油炸的食物后，可能很快就又饿了，需要再吃东西。摄入了大量的热量却不能填饱肚子，反而热量过剩，脂肪堆积，造成肥胖。

过期食品危害大

生活中，小朋友们吃过或见过各种各样的食品，既有新鲜的瓜果蔬菜，也有超市里包装的各种食物。不管是什么食物，都有一定的保质期限，过期的食品是不能吃的。

新鲜的瓜果蔬菜保质期都比较短，特别是在夏天高温的时候，有时上午刚买的西瓜，没吃完放在桌子上，下午再吃时味道就变了，这时的西瓜就变质了，是不能吃的。

苹果、梨子、香蕉这样的水果保质期要长一些，可以多放几天。荔枝的保质期则比较短，三天以后基本就不能吃了。唐代的大诗人白居易在《荔枝图序》中说过，荔枝是"一日而色变，二日而香变，三日而味变，四五日外，色香味尽去矣"，是说采摘下来的荔枝过了一天颜色就变了，第二天香味就变了，第三天味道也变了，四五天后的荔枝则色、香、味都没了。

唐朝皇帝唐玄宗非常宠爱他的妃子杨贵妃，因为杨贵妃很喜欢吃荔枝，唐玄宗就让人千里迢迢地运送荔枝到京城。那时候，最好的荔枝产于南方，距离京城十分遥远，需要人骑着千里马日夜不停地赶路，才能在最短时间内把荔枝送到京城。所以，运送荔枝的千里马每年都会累死

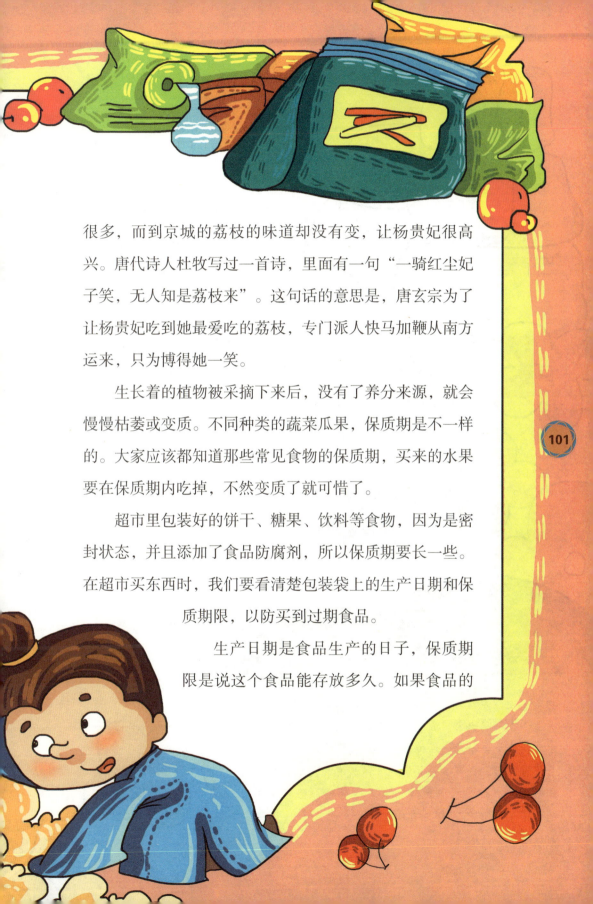

很多，而到京城的荔枝的味道却没有变，让杨贵妃很高兴。唐代诗人杜牧写过一首诗，里面有一句"一骑红尘妃子笑，无人知是荔枝来"。这句话的意思是，唐玄宗为了让杨贵妃吃到她最爱吃的荔枝，专门派人快马加鞭从南方运来，只为博得她一笑。

生长着的植物被采摘下来后，没有了养分来源，就会慢慢枯萎或变质。不同种类的蔬菜瓜果，保质期是不一样的。大家应该都知道那些常见食物的保质期，买来的水果要在保质期内吃掉，不然变质了就可惜了。

超市里包装好的饼干、糖果、饮料等食物，因为是密封状态，并且添加了食品防腐剂，所以保质期要长一些。在超市买东西时，我们要看清楚包装袋上的生产日期和保质期限，以防买到过期食品。

生产日期是食品生产的日子，保质期限是说这个食品能存放多久。如果食品的生产日期是今年的 3 月 1 日，保质期限是 61 天，也就是说这个食品最长可以存放到 5 月 1 日，过了这个日期，食品就过期了，是不能购买的。

影响食物变质的因素有很多，比如：食物存放的时间长了，里面会有微生物繁殖，影响食物的质量；很多食物中含有酶，时间长了酶就会分解，导致食物变质；有时食物中的成分和空气中的物质发生了化学反应，也会让食物变质。

为什么刚刚采摘的瓜果蔬菜或刚刚做好的食物没变质呢？这是因为时间太短，使食物变质的一系列反应还没发生。所以，食物存放的时间越长，越容易变质。

怎样判断食物是不是变质了？

吃变质的食物对身体有害，所以我们要注意食物是不是变质了。看食物是不是变质了，从外观到味道都能判断出来。鱼、肉等食物时间长了会腐烂，水果和蔬菜会枯黄、烂掉，牛奶、粮食等还会长霉。食物变质后，会有不同寻常的味道。有的是酸臭味，比如米饭发馊、糕点变酸、水果腐烂等都会有这样的味道。粮食长霉后会有一股霉味，猪肉、豆腐变质后则有酸臭的味道……

如何给美食杀菌？

平日里一不小心，我们所吃的食物中就很有可能会带有细菌。为了让我们的食物更健康更卫生，很多家庭都会在吃饭前对食物进行杀菌消毒。可是，有些杀菌消毒的方法并不正确，这样处理过的食物吃下去后可能对身体更不利。

有些病毒在高温下不能存活，当它们遇到100℃的高温时就会被杀死，不过，只有部分细菌

是这样的，还有些细菌是耐高温的，能够在100多摄氏度的高温下继续存活。很多人都没有认识到这个问题，而是认为所有细菌都能被100℃的高温杀死。对有些变质的食物，他们只是放在开水里煮一煮，就以为没有细菌了，可以直接吃了。

食物中毒可以分为两种类型，一种是生物型中毒，一种是化学型中毒。生物型中毒主要是指食物中的细菌、病毒、微生物污染了食物，人食用后导致了中毒，这样的食物用沸水煮过后可以达到杀菌的效果，就算残留着少量的毒素，也不会对身体造成危害。化学型中毒却不是高温就能解决的，有时在沸水中煮可能反而会让毒素的浓度增加。比如，烂白菜中的亚硝酸盐能产生毒素，发芽的土豆也能产生毒素，这些毒素都不是通过沸水就能消除的。

有一种叫作肉毒杆菌的细菌能破坏人体的中枢神经，这种细菌的菌芽孢在100℃的高温下还能存活5个多小时。有些细菌虽然在高温下被杀死了，但它在繁殖过程中所产生的毒素并没有被清除，还留在食物中。有些死掉的细菌本身就含有毒素，这些毒素不能被沸水破坏。所以，有些食物变质以后，煮一煮再吃，还是会发生中毒现象。

很多人还有一个错误的认识，就是以为细菌都怕盐，他们认为腌制的肉类里含有大量的盐分，是不会长细菌的，也就不用杀菌消毒了。这种看法当然不对了，有一种细菌叫沙门氏菌，可以让人的肠胃发炎。即使是在含盐量高达15%的腌制肉类中，沙门氏菌也能存活好几个

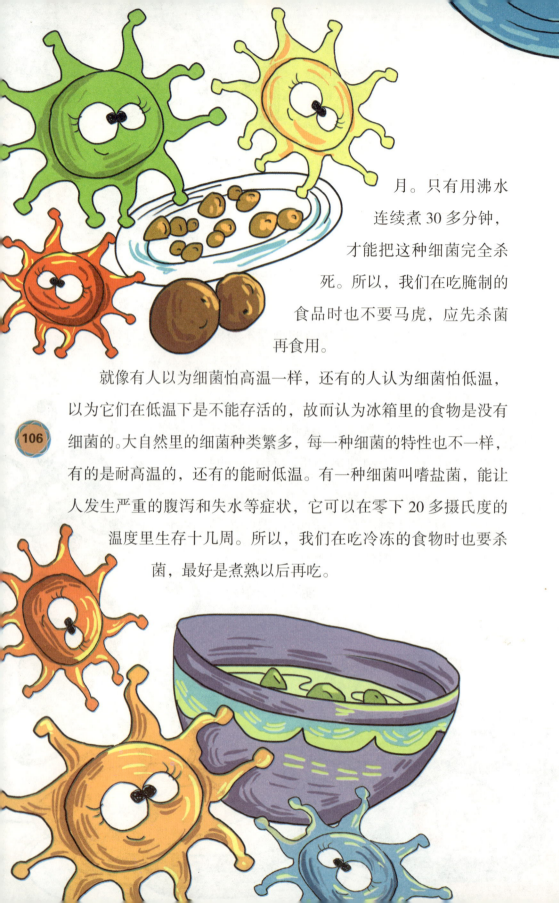

月。只有用沸水连续煮 30 多分钟，才能把这种细菌完全杀死。所以，我们在吃腌制的食品时也不要马虎，应先杀菌再食用。

就像有人以为细菌怕高温一样，还有的人认为细菌怕低温，以为它们在低温下是不能存活的，故而认为冰箱里的食物是没有细菌的。大自然里的细菌种类繁多，每一种细菌的特性也不一样，有的是耐高温的，还有的能耐低温。有一种细菌叫嗜盐菌，能让人发生严重的腹泻和失水等症状，它可以在零下 20 多摄氏度的温度里生存十几周。所以，我们在吃冷冻的食物时也要杀菌，最好是煮熟以后再吃。

一天中的
营养大分配

人每天都要生活、工作或学习，这就需要消耗身体的能量。就算一个人整天什么都不做，只是躺在床上睡觉，他的大脑也要活动，心脏也要跳动，肠胃也要蠕动，而这些生命活动都是要消耗能量的。人的能量是由从食物中吸收的营养转化而来的，如果每天吸收的营养不足，人就会因为缺乏营养而出现各种问题，轻则导致亚健康状态的出现，重则引发各种疾病。那么，人每天到底需要消耗多少营养呢？要从食物中吸收多少营养才能保证身体的需要呢？

每个人每天需要的营养分量跟自身条件有关，身体高大的人比身体矮小的人需要的营养要多，做体力劳动的人比每天不活动的人需要的营养要多。以一个身高170厘米、体重60千克的人为例，这个人要维持其一天的基本活动，

每天需要摄入 1 886 大卡的热量，而这些热量具体来说，应该包括 291 克的糖类，71 克的蛋白质和 47 克的脂肪。

人体每天需要的养分有七大类型，分别是水分、糖类、蛋白质、脂肪酸、维生素、矿物质和纤维。我们每天吃的食物要营养均衡，热量和油脂只要充足就行了，不要过量。我们每天补充的纤维要充足，以五谷杂粮和瓜果蔬菜为主食，作为人体热量的主要来源。维生素和矿物质也不能缺少，还要保证每天的水分充足，蛋白质也要足够。

五谷杂粮里含有丰富的淀粉，主要为人体补充能源；瓜果蔬菜可以补充人体的纤维；乳类制品除了能够提供蛋白质外，还能补充人体内的钙和镁等矿物质，液体类的乳制品还能为人体提供大量的水分；肉类和豆制品里则含有丰富的蛋白质。

人的一日三餐中，早餐和午餐一共需要摄入 500 大卡的热量，具体早餐应吃多少卡，午餐应吃多少卡，可以自己分配。具体吃哪一种食物，我们的选择非常多，只要保证热量、油量和蛋白质这三项不过量，其他营养成分都充足就可以了。

任何一种营养都可以被当成药来使用，当这种营养的分量很少时，它只能用于维持身体的活动。当一种营养被大量服用时，就是作为药品在服用。有一句话叫作"是药三分毒"，当药量合适时，就可以治病；当药量过多时，就会引发疾病。也就是说，人体吸

收的营养并不是越多越好，所以，爸爸妈妈们可不要拼命地给自己的孩子补充营养哦！

一个体重 60 千克的人，每天只需补充 20 克的蛋白质就足够了，蛋白质太多时，一部分蛋白质就无法被消化，而是被肝脏处理后变成糖类或脂肪储存起来。肝脏处理完的废物是从肾脏排出来的，所以肝、肾功能不好的人要吃低蛋白的食物，以免引起蛋白质过剩，加重肝脏和肾脏的负担。

人体内的营养素要保持平衡，各种营养素都要有一个大致的比例，比如，产生能量的营养素中，蛋白质占总能量的 10% 左右，糖类占总能量的 60% 左右，脂肪不要太多，最好是占总能量的 25% 以下。

把人类每天要吃的食物按照数量的多少从下往上排列，可以组成一个像宝塔一样的形状，这就是"平衡膳食宝塔"。在宝塔的最底层是谷类食物，每人每天要吃 400 克左右；第二层是蔬菜和瓜果，每人每天需要蔬菜 500 克左右，瓜果 200 克左右；第三层是肉类和蛋类，每人每天需要 200 克左右，其中鱼虾类 50 克左右，家禽肉类约 100 克，蛋类大约 50 克；第四层是奶制品和豆制品，每人每天需要奶制品 100 克左右，豆制品 50 克左右；第五层在宝塔的最顶尖，是数量最少的油脂类，每人每天最好不要超过 25 克。

蛋白质丰富的食物

　　蛋白质是构成人体细胞的主要物质，人体的肌肉、骨骼、皮肤、神经等各个组织中都包含蛋白质。人体主要是由水组成的，水的比重占了 70% 左右，除了水分以外，剩下的物质中有一半是由蛋白质组成的。除了体内各个组织含有蛋白质外，人的血液里有蛋白质，皮肤里有蛋白质，头发里有蛋白质，指甲里有蛋白质，甚至连汗液和唾液里都有蛋白质。

　　要想保证人的正常活动，我们每天必须吸收足够的蛋白质，这就需要吃一些蛋白质丰富的食物。哪些食物中含有较丰富的蛋白质呢？

含蛋白质的食物很多：牛奶、羊奶、马奶这些
奶制品中含有蛋白质，牛肉、羊肉、猪肉、鸡肉等肉
类中也含有蛋白质，鸡蛋、鸭蛋、鹌鹑蛋等蛋类里含有
蛋白质，鱼肉、虾肉、蟹肉等水产品中也含有蛋白质，
大豆、黄豆、黑豆等豆类里含有蛋白质，芝麻、核桃、松子等干
果类中也含有蛋白质……

这样看来，我们平时吃的很多食物中都含有蛋白质，只不过
有些食物中含的蛋白质多，有些食物中蛋白质的含量则比较少。
在植物中，谷类和蔬菜所含的蛋白质比较少，豆类和干果含的蛋
白质比较多。与植物蛋白质相比，动物蛋白质所含的氨基酸的种
类和比例更加符合人体的需要。所以，总的来说，动物中所含的
蛋白质的营养价值更高。

在植物中，豆制品的蛋白成分较多。所以，我们在补充蛋
白质的时候，可以把这些食物混合起来，起到互相补充的作用，

如果再补充一些动物蛋白质，蛋白质的营养价值就更高了。牛奶和鸡蛋的蛋白质含量虽然不是很高，但其中所含的氨基酸却很丰富，能够很好地满足身体的需要，所以牛奶和鸡蛋的营养价值很高。

蛋白质是生命的物质基础，可以促进身体的生长发育，因此，只有给婴幼儿和青少年补充足够的蛋白质，才能保证他们的健康成长。

在所有植物中，含蛋白质最多的是黄豆，100 克黄豆里含蛋

白质 36.3 克。蛋白质含量最丰富的肉类是鸡肉，100 克鸡肉里有 23.3 克蛋白质。干海参的蛋白质含量也非常高，100 克里有 50.2 克的蛋白质。此外，蚕豆和花生的蛋白质含量也很高，还有猪皮和猪肝的蛋白质含量也比较丰富。

因为蛋白质的营养价值很高，所以富含蛋白质的食物也比较贵。在购买时，我们可以把几种比较便宜的食物搭配在一起，以提高蛋白质的整体含量。比如，如果只吃玉米，蛋白质的利用率是 60%，小麦

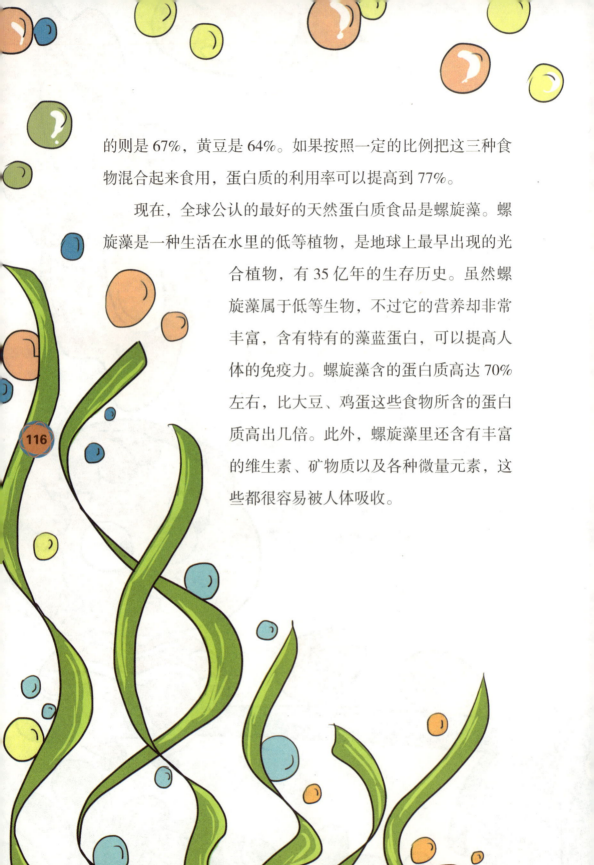

的则是 67%，黄豆是 64%。如果按照一定的比例把这三种食物混合起来食用，蛋白质的利用率可以提高到 77%。

现在，全球公认的最好的天然蛋白质食品是螺旋藻。螺旋藻是一种生活在水里的低等植物，是地球上最早出现的光合植物，有 35 亿年的生存历史。虽然螺旋藻属于低等生物，不过它的营养却非常丰富，含有特有的藻蓝蛋白，可以提高人体的免疫力。螺旋藻含的蛋白质高达 70% 左右，比大豆、鸡蛋这些食物所含的蛋白质高出几倍。此外，螺旋藻里还含有丰富的维生素、矿物质以及各种微量元素，这些都很容易被人体吸收。

"超级"食物

　　我们平时看到的食物都很普通，可以拿在手里吃。有时，为了庆祝或者纪念，人们也会制作一些特殊的食物，那些食物非常大，大到我们无法想象，甚至有的还打破了吉尼斯世界纪录，让我们一起去见识一下吧。

　　意大利的牛肉饼非常出名，为了弘扬这道食物的制作工艺，意大利米兰的几位厨师聚在一起，准备做一个世界上最

大的牛肉饼。五位厨师齐心协力，共同做成了这个世界上最大的牛肉饼。这个牛肉饼的面积足有 8 平方米，如果把它当成一个舞台，我们都可以在上面跳舞了。它的重量就更吓人了，有 190 千克呢！想要称出这个牛肉饼的重量也是件麻烦事，光是搬运就很费力气。参与制作牛肉饼的一位厨师说，虽然这个饼很大，但它并不是个只有外形而没有质量的饼，它的味道非常鲜美。为了让大饼更美味，厨师们还在里面添加了 200 个鸡蛋。这个牛肉饼成功地被记录到了吉尼斯世界纪录里。

中国有传统的中秋节，中秋节最不能缺少的就是月饼，合家

团圆吃月饼是传统的习俗。小朋友们常见的月饼是小小的、圆圆的，和自己的拳头差不多大。不过，有一个月饼可是非常大的，大到我们都不知道从哪里下口了。沈阳曾经制作过一个世界上最大的月饼，这个月饼的名字叫"中华圆月"。月饼的表面积有50多平方米，普通的房间根本装不下，需要一个专门的大场地来放置这个月饼。月饼厚20厘米，直径有8米多，体积是10立方米左右，重量为12吨多。制作这个大月饼时，光是白面就用了1吨多，里面的馅儿用了11吨多。在这个大月饼的外围排列了一圈小月饼，这些小月饼一共有8个，每个小月饼的直径将近2米，其实一点儿也不小。

　　小朋友们喜欢吃三明治吗？如果喜欢，这个世界上最大的三明治一定让你激动不已。英国曾经制作了一个世界上最大的三明治。这个三明治有15英尺高，24英尺宽。英尺是外国惯用的长度单位，1英尺等于0.304 8米，把英尺换算成米，这个三明治大约是4.6米高，7米多宽。这个三明治被称为"食肉动物的梦想"，因为它里面有41片肉，需要10多个小时才能吃完。三明治里的面包一共有1.5千克左右，此外还有2千克的意大利腊肠、火腿肉和熏猪肉，

700多克的西班牙香肠，还点缀着沙拉酱、奶酪和小黄瓜。光是听这些，我们就快要流口水了，更别提看照片了。

蛋糕是小朋友们喜欢的美食，如果见到了那些世界上最大的蛋糕，小朋友们肯定会欣喜若狂吧？世界上最大的草莓奶油蛋糕重11吨多，其高度和直径都是 2 米多。在制作这个蛋糕的时候，光是草莓就用了 3 吨多。世界上最大的冰激凌蛋糕则使用了 9 000 千克的冰激凌，里面的海绵蛋糕有 91 千克，外面的酥皮有 130 多千克。当这个巨大的蛋糕在外面展示的时候，不知道有多少人流口水呢！

世界上最大的软糖有多大呢？这个巨大的软糖重 1.3 吨多，不知道要多少人花多长时间才能吃完。世界上最大的一盘炒菜有 1 000 多千克重，要好多人一起才能完成。世界上最大的提拉米苏有 300 多千克重。世界上最大的热狗有 60 多米长，怪不得叫作"超级热狗"。

让大脑聪明的法宝

很多小朋友都喜欢吃鱼，鱼肉含有精致蛋白质，易被人体吸收，小朋友们处于长身体的阶段，对蛋白质的需求较多，所以应经常吃鱼。

鱼的种类有很多，其中可以分为淡水鱼和海水鱼。这两种鱼各有优缺点。淡水鱼含有较高的精致蛋白，油脂含量较少，易于被人体消化吸收。但是，淡水鱼的刺通常较细小，难以剔除干净，孩子吃起来有点费劲，甚至会被卡着。所以小朋友们在吃鱼时要十分小心。

海水鱼中的 DHA(俗称"脑黄金")含量高，有助于

提高人的记忆力和思考能力，但所含的油脂量较高，不利于消化。有的孩子消化功能发育不全，容易引起腹泻等消化不良症状。

营养师认为，三文鱼、黄花鱼和带鱼非常适合孩子，鳗鱼、鲈鱼等也富有营养，适合孩子们食用。

鱼肉有利于孩子们的健康，但还要讲究烹调方式，才能使营养真正发挥作用。

专家建议，在烹饪鱼时，家长最好采用蒸、煮、炖等方式，不宜采用油炸、烤、煎等方法。另外还可以将鱼做成鱼丸，这种吃法比较安全，不用担心鱼刺，而且味道鲜美，很受小朋友们的喜爱。具体做法也很简单：先将鱼肉剁细，加蛋清、盐、味精调成鱼肉泥，然后再往锅内添水，等水烧开后，将鱼肉泥挤成丸子，逐个放入锅内煮熟，再加入少许精盐、葱花即可食用。

给孩子做鱼时可添加蔬菜作为配菜，既增加口感又能使营

养更加丰富。炖鱼时，不妨搭配香菇、冬瓜、萝卜等。但要注意，小朋友的肠胃功能还不是十分完善，所以口味不应过咸，鸡精和味精也要少放，更不要添加辛辣刺激性调料。

很多家长问：鱼汤和鱼肉哪个更有营养？其实，鱼汤和鱼肉都有营养，正确的吃法是既吃鱼肉又喝鱼汤。如果你想让大脑更聪明，不妨多吃鱼吧！